幸运召唤

收纳与整理

开运术

[日] 直居由美里 / 编著

连雪雅 / 译

shiwenbooks
百世文库

重庆出版集团 出版
重庆出版社

目录
CONTENTS

前言　/4

SPECLAL INTERVIEW
阿木燿子　/6

妥善处理身边环境，
好运自然跟着来！　/8

依照九星的幸运秘诀
来收纳整理吧！　/10

改善气场的居家收纳10大开运守则　/12

Q&A
为你详细解答所有关于
开运收纳的疑问！　/15

PART1

玄关&客厅的开运收纳法　/17

没有多余杂物的玄关空间
最能吸引好运上门！　/18
- 玄关的收纳 & 整理 NG 大检查　/21
- 整理重点集——玄关收纳　/22

一尘不染的客厅
有助事业蒸蒸日上！　/24
- 客厅的收纳 & 整理NG大检查　/27
- 整理重点集——客厅收纳　/28

PART2

做好衣物收纳
提升人际关系　/31

确实整理每一件衣物，
增加安定性！　/32
- 衣物的收纳 & 整理NG 大检查　/35
- 整理重点集——衣物收纳　/36

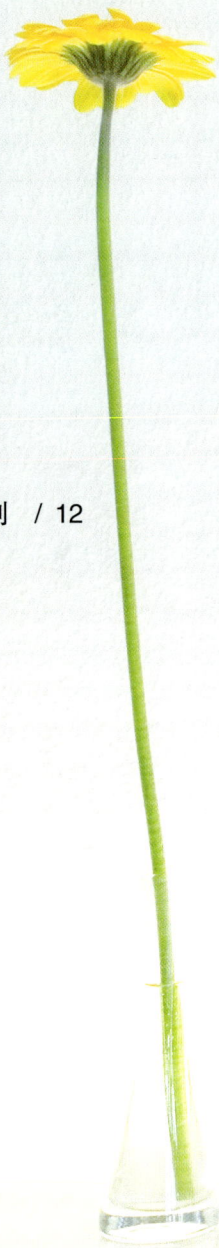

PART3

提升财运与健康运
浴厕 & 厨房整理术　/ 41

清爽明亮的厕所，助你财运滚滚来！　/ 42
- 厕所的收纳 & 整理 NG 大检查　/　45
- 整理重点集——厕所收纳　/46

洁白无尘的沐浴空间有效提升健康及美容运！　/ 48
- 浴室的收纳 & 整理 NG 大检查　/　51
- 整理重点集——浴室收纳　/　52

兼具机能与整洁的厨房让家庭运更旺！　/ 54
- 厨房的收纳 & 整理 NG 大检查　/　57
- 整理重点集——厨房收纳　/　58

PART4

启动明日动力的卧室收纳法　/ 61

整洁的休息环境，让你一整天精力充沛！　/ 62
- 卧室的收纳 & 整理 NG 大检查　/　65
- 整理重点集——卧室收纳　/　66

PART 5

活用气场能量召唤好运的生活　/ 71
- 为你开启好运的重点打扫秘诀　/　72
- 隐藏神秘能量的开运小物，帮助你掌握更多好运！　/　74
- 别担心，通通交给开运术解决！　/　76
- 结束语　/　79

开运 + α LESSON

寻找住家中心的方法　/ 30
提升恋爱运的小贴士　/ 40
财运上升的重点　/ 60
提高自我能量的方法　/ 70

前　言

细心整理身边事物，就是拥有好运的第一步！

说到收纳整理，一般人或许很难把它与开运联想在一起。其实，开运与收纳整理之间确实有着密不可分的关系。

以开运来说，最重要的莫过于气场的流通，但如果房间零乱，房内物品上布满灰尘就会导致气场停滞。换言之，时时保持整齐清洁的话，气场流通变好，运气自然就会提升了。

佛家的修行也是从打扫开始的：通过扫除与整理可让自己的心情沉淀、稳定下来。成功的人、富裕的人也总是让屋内保持干净明亮的状态，因此，整理自己身边事物也是整理自己的命运。

在动手整理前，要重新评估哪些物品是你需要或不需要的，可别因为舍不得丢，就把物品堆得满屋子都是，要在摆设得美轮美奂的空间下生活，感受才会与平时大不同。让我们学习选择真正喜欢的物品，确实做好收纳，为自己打造一个

宽敞舒适的家！

　　主动去整理身边的一切，
使环境变得更好，让气场流动
顺畅……这正是开运的基本。
它会让你变得更健康，想法变
积极，相对地，对气场的流动
也有帮助。

日本著名环境建筑设计师
直居由美里

淘汰多余的物品前
别忘了说声"对不起"、"谢谢你"！

日本著名作词家
阿木燿子

近年来,因为参加舞台企划及首次担任电影导演而愈来愈活跃的阿木燿子小姐要公开自己与生活物品的"相处之道",对于总是舍不得丢弃物品的人来说，这是决心收纳前必读的内容。

——如果您有不再需要的物品，会直接丢掉吗?

"不会！我是个舍不得丢弃物品的人，诸如箱子、漂亮的包装纸、缎带或旧衣服等都会留下来。尤其是缎带，稍微改一下形状就可以变成美丽的胸花，把布重新染色说不定会有新的用途，我会不断地想该怎么利用这些物品。但也就是因为这样，才会舍不得丢物品。其实，把旧衣服改造成新衣也非常有趣喔！挑几件已经不穿的衣服剪裁、缝合，再用织布当衬底，这样就成了一幅全新的壁饰喔！"

——这是很棒的想法呢！那么，您整理物品时会有大扫除的感觉吗?

"是啊！只要五年内都没用过的物品我就会处理掉。但是，像衣服的拉链、挂钩、钮扣……我就会拆下来保存。因为我很喜欢做裁缝，所以就算衣服不穿了，也会把这些小零件保留下来。"

丢弃物品的效用

——您真的对每项物品都很珍惜呢！不过，在丢时心里还是会觉得很畅快吧?

"嗯，的确如此。我认为任何事物最好都别'过'，居家物品的收纳其实是自己潜在意识的表征。当家里堆满物品，就表示你的心里其实也保留太多不必要的信息，这样会让你很难正确地作判断。因此，适时地处理物品的确会让你变得舒畅。但是为了不让重要的物品遗失，在你整理、丢弃多余的物品时，请务必多加小心留意。"

● 阿木燿子

Down・Town・Boogie・Band 的 "港都的燿子・横滨・横须贺" 是她的出道作品。曾为山口百惠等多位歌手的歌曲作词。2007 年 5 月 11 日个人首部执导的电影作品《TANNTA 短歌》被发行成 DVD，是位活跃于多领域的创作人。

对丢掉的物品，保持感激的心！

——不光是整不整理那么简单，其实心情也会有所影响吧？

"随着时光的流逝，身边的物品不断增加，当然也包括了别人送的物品。处理这些物品时，请说声'对不起'、'谢谢你'。感谢过去它们陪在我们身边的日子，并对现在因为不得不分别而感到抱歉。切记！丢弃物品时若不知心存感谢，日后一定会受到惩罚……甚至也买不到新的物品。因此，当你因为想买新的物品而丢掉旧的物品时，别忘了'对不起'、'谢谢你'这两句话。这和开运应该也有相通，因为有'心'真的很重要。丢掉不需要的物品，家里变宽敞后，新的物品才会进来，物品的循环就和开运气场流动的道理一样。"

整齐干净的家，随时欢迎客人造访！

——循环、流畅都是开运的基本。那么，今后您希望府上变成怎么样的住家空间呢？

"当然是随时都能让朋友造访的家啰！如果家里总是保持干净整齐的状态，什么时候都欢迎朋友来，什么时候都能下厨招待朋友，或是请朋友到家里喝杯茶。"

"不要觉得打扫是件麻烦事，只要带着愉快的心情去做就会乐在其中。常保整洁的家可增加你对生活方式的自信，而我就是想要拥有那样的家。"

> **处理掉不需要的物品，**
> **迎接新的物品，**
> **就和气场循环一样重要。**

妥善处理身边环境，好运自然跟着来！

自古以来，研究至今的传统学问——开运术

收纳与整理，让居住环境变更好！

说到开运，各位会联想到什么呢？应该有不少人会认为就像占卜一样，是很神秘的理论吧！

然而，自古以来开运在中国就是不断被研究的学问。其依据就是将世上的一切事物分成眼睛看不见的"阴"及看得见的"阳"，或是分为木、火、土、金、水的五行思想。开运便是利用阴阳的平衡或五行的组合来提升运势，甚至可说是打理好身边的一切，创造出更好的环境，为自己召唤幸运降临的环境学。

开运非常重视"居住场所"。借着改造住所的房间格局、地段、风格、方位、室内装潢……来调整空间内气场的流动，并提升居住者的运势。

但是，就算有再好、再完美的格局或方位，若是收纳处理做得不周全，开运的效果也会锐减，例如零乱的房间就无法有顺畅的气场。

你可以试想，久未整理的小物品一直放在台子上。随着时间流逝，上面布满灰尘。接着那块空间的气场流动就被破坏了，被灰尘盖住的物品开始散发出邪气。

气场及能量能够顺畅流动的状态就是最理想的开运。随时都能轻松找到想用的物品的居家环境，住起来不仅比较舒适，像这样的家气场流动一定很棒。那么，就请通过收纳整理、阴阳调和、选择幸运色等方式，为自己打造出一个可以呼唤好运降临的居住环境吧！

围绕你身边的所有事物
都具有**阴阳**关系

"阴"是指现实中肉眼看不见的事物。包含吸引万物的磁力、个人的思想或哲学、万物的季节时期等都会对环境有影响。

阴
的表征
- 人的磁场
- 宇宙的能量
- 思想及哲学
- 万物的时期

阳
的表征
- 住处格局
- 室内装潢
- 住处的地段条件
- 住处的设计

"阳"是指现实中肉眼看得见的事物，主要是指房子的格局和立地等。因为格局和地段无法任意更改，因此在选择房子时一定要慎重判断。

木 → 火 → 土 → 金 → 水

相生 & **相克**的关系
让身边一切
形成相生的关系

就像钻木取火一样的道理，在"相生"的关系下可为彼此带来良效。反之，若像树木吸取土壤养分的关系就是"相克"，将对彼此造成不利。在开运方位上，木＝东、火＝南、土＝中央、金＝西、水＝北，例如在带水气的北边放金库就是相生，在带火气的南边设个池塘便是相克。

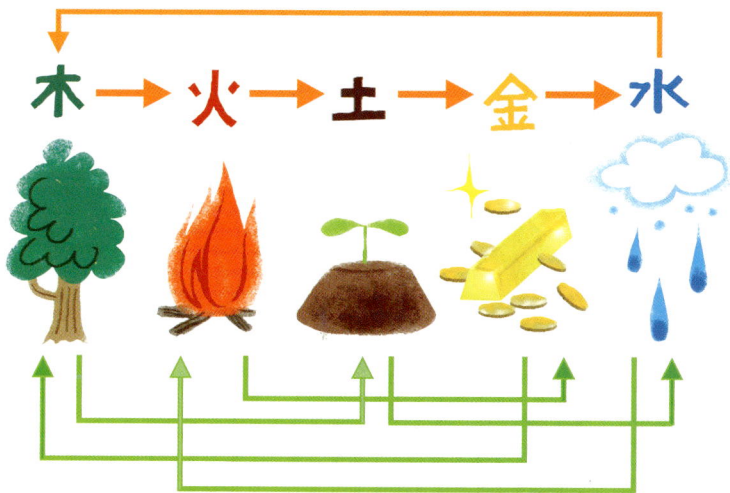

← 相生(因相乘效果而提高运气)的关系

← 相克(削弱彼此力量)的关系

依照九星的幸运秘诀来收纳整理吧！

找到你的幸运星，掌握好运人生的快捷方式！

不同的出生年份，九星的幸运色也各不相同

"九星"……是什么啊？或许各位从未听过，但它在开运上却扮演着相当重要的角色。九星分为：一白水星、二黑土星、三碧木星、四绿木星、五黄土星、六白金星、七赤金星、八白土星、九紫火星共九个星。

九星的分类是根据出生年份来区分的，它代表了一个人适合的职位、人生等各方面的基准。同时，根据九星每个人都有其幸运方位及幸运色。只要掌握这些要素，便能将开运的效果发挥到最大。而把幸运色运用在住家空间的收纳及整理上，不但会让房子看起来干净整齐，也能为自己带来更多的好运势。

找出你的幸运星

※ 九星＝出生年份。请对照下表找出你的幸运星。
※ 1月1日～2月4日出生的人，对照的年份为出生年的前一年。

一白水星	1936	1945	1954	1963	1972	1981	1990	1999	2008
二黑土星	1935	1944	1953	1962	1971	1980	1989	1998	2007
三碧木星	1934	1943	1952	1961	1970	1979	1988	1997	2006
四绿木星	1933	1942	1951	1960	1969	1978	1987	1996	2005
五黄土星	1932	1941	1950	1959	1968	1977	1986	1995	2004
六白金星	1931	1940	1949	1958	1967	1976	1985	1994	2003
七赤金星	1930	1939	1948	1957	1966	1975	1984	1993	2002
八白土星	1929	1938	1947	1956	1965	1974	1983	1992	2001
九紫水星	1928	1937	1946	1955	1964	1973	1982	1991	2000

寻找你的幸运星！

九星各有其不同的幸运方位及幸运色。
寻找出你的幸运星，将其特色运用在收纳物品或选择家中小物上，会为你带来无穷的好运。

一白水星

★ 幸运方位……北
★ 理想的玄关方位……南
★ 家中主要幸运色……白色
★ 幸运小魔法
  ……在室内放个水槽

四绿木星

★ 幸运方位……东南
★ 理想的玄关方位……西北
★ 家中主要幸运色
  ……薄荷绿
★ 幸运小魔法
  ……在家里放置大量
  的观叶植物

七赤金星

★ 幸运方位……西
★ 理想的玄关方位……东、南
★ 家中主要幸运色
  ……白色、奶油色
★ 幸运小魔法
  ……在西、西南方放黄色
  的物品

二黑土星

★ 幸运方位……西南
★ 理想的玄关方位
  ……东、东南
★ 家中主要幸运色
  ……奶油色、铬黄色
★ 幸运小魔法
  ……放盆观叶植物

五黄土星

★ 幸运方位……中心
★ 理想的玄关方位……东南
★ 家中主要幸运色
  ……黄色、奶油色
★ 幸运小魔法
  ……在住家中心位置放
  金色物品

八白土星

★ 幸运方位……东北
★ 理想的玄关方位
  ……东南、北
★ 家中主要幸运色……奶油色
★ 幸运小魔法
  ……动手做园艺

三碧木星

★ 幸运方位……东
★ 理想的玄关方位……西北
★ 家中主要幸运色
  ……奶油色系
★ 幸运小魔法
  ……把电视等视听设备
  放在住家东边

六白金星

★ 幸运方位……西北
★ 理想的玄关方位
  ……南、东南、东
★ 家中主要幸运色
  ……水蓝色、白色
★ 幸运小魔法
  ……在家里种植水草

九紫火星

★ 幸运方位……南
★ 理想的玄关方位
  ……西北、西、北
★ 家中主要幸运色
  ……奶油色、驼色
★ 幸运小魔法
  ……种植仙人掌

改善气场的居家收纳 10 大开运守则

1 用布置的心情做收纳

"赏心悦目"是收纳的基本原则。如果随时都能看到最爱的物品，甚至是重要的物品，心情也会变得很好。相反地，像清洁卫生用品等生活杂物就要收进层柜里。

2 注重空间收纳帮助气场顺利流通

塞得满满的壁橱、堆满生活杂物的住家角落……这都是NG的收纳方法。请在收纳空间保留20％的位置，让气场顺畅流通，另外收纳空间与物品数量的搭配也要好好考虑。

3 不可忽略的机能性

收在比较深处的箱子可以加装滚轮，比较高处不方便找物品的层架可贴张压克力镜（可当镜子用的薄贴纸），你的小心思可以让收纳更具机能性，多下点工夫就能改善收纳上的缺点。

mirror

4 一眼就明了的整理方式！

所谓收纳的重点是一眼就知道物品被摆在什么地方，因此不擅整理的人可以使用透明的收纳容器。如此一来，也可以免掉重复购买的问题。

5 迅速完成也能发挥最大效果

最适宜的收纳方式不代表你得花费更多的时间，有时考虑太过仔细反而会降低物品使用的频率。最好的收纳方式是减少不必要的辅助品（如梯凳等），伸手就可快速找到需要的物品。

不需要的物品？

6 不需要的物品就干脆地处理掉！

已经不用的物品，就要用最适当的方法处理掉。只要这2～3年来都没用的话，往后也不会有机会用到，适时地将不需要的物品整理或丢弃，不仅可让空间变宽敞，心情也会更舒畅。

7 别想着丢掉物品好可惜！

请停止"总有一天会用到"的想法，那些因为你舍不得丢弃而被塞在壁橱角落深处的物品，就算你真有需要时也不会被发现。仔细听听，被束之高阁的它们正在默默地哭泣。

丢掉

8 活用物品的现有状态

活用物品的状态是空间收纳的重要关键。比如在统一收放罐头时，若能将包装面朝外，只要瞄一眼就知道那是什么，随时看得到、随时做好被使用的准备。

9 选择合适的收纳物品

具有纪念意义的重要衣物，就要以透气性良好的天然素材来收纳，这样才可以长久保存。由此可知，收纳用品不光是要具有收纳功能，更要配合物品来慎选适合的材质、大小与尺寸。

10 挑选真正喜爱的物品好好保养

收藏古董时，最好知道是谁赠送的，甚至是这项物品的使用者是谁。如果真心喜爱，就请多花点心思去保养、使用，原物主才不会产生不好的感受。

为你详细解答所有关于开运收纳的疑问！

希望通过收纳带来好运，却有许多的疑问……让我来为你消除不安！

谢谢你！

这是人家送我的，希望你喜欢！

Q 收到不是很喜欢的礼物，到底该怎么办？

A 如果有人喜欢，就大方转送！

　　生日礼物、旅游带回来的特产、结婚回礼……要处理这些赠礼其实是件麻烦事。

　　一想到送礼人的心情，就无法轻易地说丢就丢。如果一直都没有机会用到的话，就转送给有需要的人吧！这么一来不仅收到的人高兴，对物品来说，能真正地被使用也是好事一件。

Q 在大卖场常看到的收纳柜，请问有什么使用秘诀吗？

A 多花点心思，做好物品的分类！

　　设计有一层层抽屉的收纳柜，是十分具统一感的生活收纳用品。正因为每个抽屉的颜色、外观都差不多，建议可以在外面加上标记，这样马上就能知道里面装了什么。此外，若有叠放的需要，建议控制在3层左右就好。

Magazine

Photo

Paper

OK了！

Q 更衣间对开运
也有影响吗？

A 别把它当储藏室，依据其
机能性来使用就没问题！

针对可以大量收纳衣物、其他生活用
品的更衣间，只要随着衣服的机能性来收
纳便不会对开运造成影响。切记！千万别
将衣服杂乱地堆叠或随处乱塞。保留一些
空间，别把更衣间当成大置物柜来用。

Q 我就是念旧、舍不得
丢东西，该怎么办？

A 别想着"总有一天……"
下定决心去处理！

请先抛开"总有一天应该会用到"的
想法。若是自己已经不常用的物品，请想
想该怎么增加利用的机会，如果真的想
不到方法就彻底处理掉吧！把不常用的
物品留在身边，并不是件好事。

这个以后应该还有
机会穿……吧？

拿去店
里卖吧！

二手店

Book CD

Q 家里不要摆太多电器
用品是真的吗？

A 别让电器用品的磁场超过
家中的气场，就可以了！

一般的电器用品都具有一定程度
的磁场，对人体多少都会有影响。但
是，只要让家中磁场盖过电器用品便
一切OK。例如在客厅摆上水晶、盆栽
或依照方位放上幸运物，就可以让好
的气场充满整个屋内。

玄关&客厅的
开运收纳法

将外界所有运气通通带进屋内的玄关，
以及家人经常聚集的客厅，
这两个场所是居家收纳的重点，
让我们一起来动手整理，
呼唤好运吧！

最能吸引好运上门！
没有多余杂物的玄关空间

住家第一道关卡，成为只有好运能进入的空间吧！

坏运挡屋外，好运请进来！

玄关是住家的门面，来自外界的所有运气都要经过这里才能进入屋内。各式各样的人、事物、好运及好消息，也都是从这里进入家中。

假使玄关放了带有恶气的摆饰或物品，就算好运进门也会连带夹杂恶运。因此，营造一个能将坏运挡在门外、邀请好运进门的"开运玄关"是非常重要的。

你家的玄关是否到处都是没在穿的鞋子？还是堆满了传单、DM和旧报纸呢？不妨利用这个机会，把那些一直堆在玄关的物品通通清干净吧！

整理好之后，再用湿抹布将地板擦拭一遍，借以提升运气，让玄关成为为你召唤幸福的地方。

召唤好运的玄关 3 要点

1 不需要的物品通通拿走
为了不影响好运的流通，玄关要尽量少放一些物品，摆饰也是愈少愈好。

2 鞋子统一收进鞋柜里
放在玄关地板的鞋子，只能放当天会穿的那一双，其他的请乖乖地收进鞋柜里。

3 收纳整齐后别忘了勤打扫
用湿抹布擦拭玄关地板，好运便会主动靠近你家，有时间的话请养成习惯定期擦拭。

★玄关方位与提升财运的吉位★

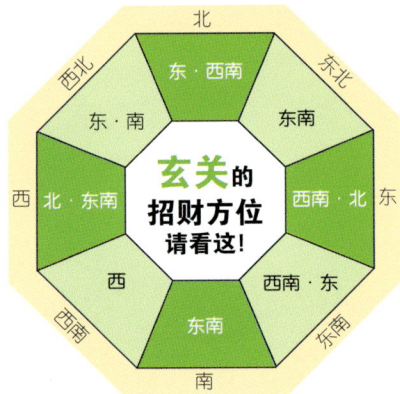

北
西北　东·西南　东北
东·南　　　　　东南
西　玄关的招财方位请看这！　东
北·东南　　　　西南·北
西南　东南　东南·东
南

※请先参考P30的"寻找住家中心"找出玄关的方位。黄色部分是玄关的方位。在招财的方位置放与金钱有关的物品（如钱包或保险箱等）便可提升财运。

这就是能召唤好运的玄关！

CHECK!

镜子

依据希望的不同改变摆放位置

把镜子放在玄关右手边有助于工作的发展，放左手边可提升财运。无论何时镜子都要保持光亮，可依自己的希望调整镜子的位置。

CHECK!

摆饰品

简约创造美感

想摆些喜欢的小物品做装饰时，请放在面向门的左侧，平时不妨多用点心去装饰你的玄关陈设。

CHECK!

地板

干净整齐，没有余物

玄关是让外界好运进屋的入口，地板上尽量保持干净。如果要放鞋子，每人只可放一双，剩下的就收进鞋柜。

CHECK!

脚踏垫

选择天然素材最优

脚踏垫可吸收来自外界的恶气，防止它们进入家中，请选用天然的素材。

为玄关召唤幸福的开运小物

唐草图样的物品

以线条描绘的唐草图案或漩涡花纹，都是可以为你带来良缘的图案唷！

圆形物品

圆形的物品可以让气场顺畅、不堵塞，你也试做看看！

地板和鞋柜上方严禁胡乱堆放杂物！

整洁的玄关，让外界气场顺利进入屋内！

不需要的物品就处理掉，是玄关的第一要点！

玄关除了是家人进出住家的出入口，也是外界气场进出屋内的出入口。

我们或许会下意识地将物品暂放在鞋柜上，但是请尽量减少玄关物品的数量。明明没在穿却因为空间不够而丢在地上的鞋子、堆成一堆等着回收的旧报纸……就从你最容易注意到的地方动手整理吧！

拿去回收吧！

你的玄关不需要这些！

不穿的旧鞋

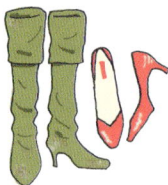

切勿随手丢地上，尽早处理最好
放在地板上好几年都没穿的鞋子请尽快处理掉，玄关空间就是要干净整齐。

报纸、纸箱

严禁在此堆置超过一星期
最占空间的旧报纸和纸箱如果放在玄关，被来访的客人看到那就太失礼了。就算是准备要回收，也等到当天再拿出来。

使用已久的踏垫

脏兮兮的脚踏垫
连恶运都不想靠近
脚踏垫可为你挡下来自外界的恶气，请使用质量好的款式，重点是保持清洁。

干燥花

干燥花作摆饰 令你错失好运
干燥花是带阴气的物品，它会使来自外界的好运消失，不适合在住家布置中出现，请尽快处理掉。

····处理方法 处理掉干燥花后，请摆上鲜花装饰。这样可一扫阴气，让玄关变得更容易招来好运。

你的家 OK 吗？

玄关的收纳 & 整理 NG 大检查 ✓

不光是凌乱的空间，就连镜子等物品的摆放位置也会影响开运。请仔细看看你家是否有以下状况，如果有的话就立刻改善吧！

☐ **鞋柜高度过高**

☐ **玄关地板上堆满鞋子**

☐ **门边放了妨碍进出的物品**

打不开!

太高的鞋柜会令人产生压迫感，杂乱无章的地板也是产生恶气的原因，注意，鞋子一定要收进鞋柜。此外，在玄关正面放镜子会把从屋外带进来的物品反射掉，故请避免。把行李箱等杂物堆在门边也会影响气场的流通。

☐ **一进入玄关就看见镜子**

☐ **鱼缸的水一片混浊**

整理重点集请参阅 P22 ➡

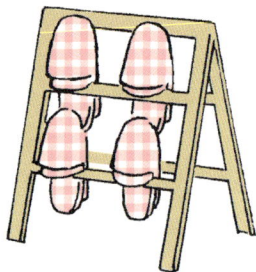

玄关收纳

简洁有序的玄关有助你提升运势！

置于玄关周围的物品请妥善收好

> 物品收好，不现于外是基本原则，若能再慎选放置场所，更可提升玄关的气场！

✿ 拖鞋

方便好拿最重要

如果把拖鞋通通塞在篮子里，取出时便无法成对。既然要收纳就该一双双收好。

✿ 钥匙

容易搞丢的钥匙帮它找个固定位置

如果不想在外出时为了找钥匙而翻箱倒柜，那就为它在玄关找个固定位置吧！小托盘、小碗都很适合。

✿ 鞋柜

靴子放下层凉鞋放上层

鞋柜的收纳基本原则，是将靴子、高筒靴等较重的鞋款放下层，高跟鞋、包头的鞋款放上层。确认一下你的鞋柜吧！

✿ 花

让它成为室内布置的一部分

一般人很习惯把杂物堆在鞋柜上，因此更要小心注意。除了用鲜花装饰，也可以放些自己喜欢的小杂货。

✿ 镜子

右边有助事业左边有助财运

随着镜子摆置位置的不同，效果也会不一样。放右边有助工作的发展，左边则可以提升财运。

✿ 休闲物品

户外用品就放在靠近玄关处

运动用品、高尔夫球袋等物品可以收在玄关附近，但千万别放在地板上，以免影响家人的出入。

entrance

控制物品数量
打造气场通畅的玄关

小动作，**好运**来敲门！

湿抹布擦拭玄关地板

以拧干水分的湿抹布擦拭地板，就算无法每天做也可以养成习惯。用湿抹布擦拭地板，净化玄关气场，让好运上门报到。

伞桶

选用底座稳的白色陶器

选择底部可以盛接水的白色陶制置伞桶，有助于提升运势。如果空间允许，请放至玄关外。

鞋子

鞋柜放不下的鞋子就收进鞋盒里

即使鞋柜已无空间也别让它堆在地板上，收进鞋盒里吧！在鞋盒外贴上鞋子的照片，寻找时会更方便。

一尘不染的客厅 有助事业蒸蒸日上！

强化事业运的重要场所，重点在于做好收纳！

家人相聚的客厅 为你带来贵人！

负责接待客人、让家人相聚的客厅是凝聚人气的地方。把客厅整理干净，事业运自然会提升。公司经营者及职等较高者，若有个干净的客厅空间，其营业力也会提高；而有特殊专长，如作家等独自创作的人，客厅则是个能让你大放异彩的好地方。

为了向家人提供一个舒适的活动空间，客厅地板要时时保持干净，不要随意乱堆放物品。物品要收纳在能立即找到的位置，那才是最理想的收纳。另外，客厅的光线也很重要，以太阳的自然光为佳，因此请别选用太厚或具遮光性的窗帘。最后，避免在这里摆置太多家电产品，这也是阻碍运势的原因之一。

WORK

提升事业运的客厅 3 要点

1 地板不堆物品、动线畅通
客厅的地板严禁堆放物品，宽敞、动线顺畅的客厅是非常重要的。

2 日照充足
客厅里有阳光，好运自然会降临，建议选择浅色、轻薄材质的窗帘。

3 减少家电用品的数量
家电用品会扰乱气场。因为它们都有强大的磁力，最好只放需要的物品。

★ 九星的客厅幸运物 ★

一白水星	浮水蜡炉
二黑土星	坐垫
三碧木星	小毛毯(暗绿色)
四绿木星	苔球小盆栽
五黄土星	相框(金色)
六白金星	竹制灯具
七赤金星	玻璃灯具
八白土星	玻璃面茶几
九紫火星	丝质拖鞋(紫色)

这就是可提升事业运的客厅！

CHECK!

沙发、窗帘

布制品可提升运气

窗帘的材质以布制品最理想，请勿使用遮光窗帘，以免阳光无法照入屋内。皮革沙发也要尽量避免。

CHECK!

电视

东边是摆设电视的最佳位置

声音最好从东边来，建议将电视、音响类等视听设备放在东边。放在西边容易招来不好的事。

CHECK!

茶几

圆桌＝圆融的人际关系

在客厅里摆设圆桌，可帮助你拥有和谐的人际关系，坐垫等小物件也可选用圆形的。

CHECK!

花

在中央位置装饰大朵的花

布置时可在客厅中央摆上大朵鲜花，因为花会带来积极的正面信息。香水百合和玫瑰都是不错的选择。

让你更好运的沙发方向！

Type a

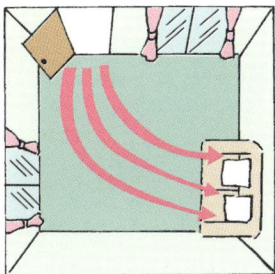

Type b

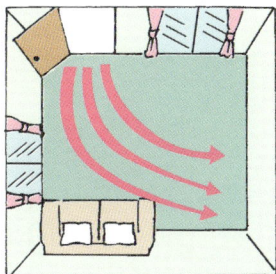

重点是
沙发要朝着门

沙发的基本摆设位置要朝着门的方向，这么一来，当你坐在沙发上时，便可从正面接收到由外面进到屋内的运气。a或b的摆法都很棒，但别把沙发放在窗前，否则运气就流出窗外。如果离门太远，也会使运气变弱。

容易堆放杂物的客厅，一定要保持地板的整洁！

是否真有需要保留！
仔细判断赠品或照片

处理掉不需要的多余物品，客厅空间瞬间变宽敞！

先把地板整理干净吧！

家人经常停留、活动的客厅，常常在不自觉间堆满各种杂物。

原本只是因为觉得丢了可惜、怕浪费，结果却累积一大堆根本用不到的物品，仔细看看这些舍不得丢的物品，虽然散布在客厅角落，但其实已有相当可观的量。想要让客厅变整齐吗？只要判断是否真的需要保留，再动手处理掉，客厅就会恢复原本的清爽风貌！

你的客厅不需要这些！

叶片尖锐的植物

破坏人际关系的根源

在客厅里摆设仙人掌等叶片尖锐、带刺的植物，会破坏家人间的和谐关系，请把它换成叶片圆滑的植物。

不喜欢的礼物

表示感谢后再做处理

收到不是自己喜欢的礼物，那种感觉真奇怪，若数量还不断增加那更是头痛。先放在看得见的地方，过段时间后再以感谢的心情处理掉。

报纸、干电池

使用完毕请尽快丢弃

旧报纸及用完的干电池常会被搁在一旁，久而久之会带来不好的影响，最好尽快处理。

旧情人的照片

珍惜现在最重要请干脆地丢掉

照片里的景象会让你的心跟着停留在过去。其实眼前的生活才是最重要的，下定决心处理掉吧！

你的家 OK 吗?

客厅的收纳 & 整理 NG 大检查 ✓

电风扇、暖炉等季节性的家电,经常换季了还是被摆在客厅……注意! 千万不可因为懒惰而让客厅的开运变差喔!

☐ **在层架外面罩上布,遮住内容物**

☐ **使用相同的收纳用品,搞不清楚内容物**

☐ **家电的电线、插头纠缠成一团**

电风扇等季节性家电,假如换季了还摆在客厅会使家人的运势下降。相同的收纳用品,记得用颜色或标签来分辨里面的内容物。家电用品的电线、插头请各自收好,并记得时时打扫,别让灰尘累积。

☐ **直接把包包放在地板上**

☐ **即使换季了,季节性的家电还是摆在原处**

整理重点集请参阅 P28 ➤

客厅收纳

做好整理与收纳，
宽敞空间提升事业运！

再小的物品也要确实分类

容易堆放杂物的客厅，若能先决定好各项物品的摆放位置，想用的时候就不怕找不到了。

⭐ 垃圾桶

附盖的款式最佳

为了不让垃圾的秽气扩散至客厅，请选择有盖的垃圾桶。并依据垃圾量的多寡选择合适的大小尺寸。

l i v i n g

r o o m

⭐ 季节性家电

换季收纳前
记得用布或纸包好

电风扇、暖炉等家电可用报纸或布等通气性佳的材质包裹再收纳，切勿使用不通风的塑料袋。

⭐ 收藏品

重要的收藏品
就收进玻璃展示柜里

小巧的收藏品请统一放到玻璃展示柜，这样不但能一眼欣赏到自己的成果，还可避免累积灰尘。

⭐ 相册

依不同的主题
来区分相册

照片这种小东西很容易到处散乱，建议可依家人、工作、休闲等主题分装成不同的相册，当你想看时便可轻松找出。

卡片类
名片夹是最佳的收纳帮手

店家的集点卡、医院的挂号证……这么多的卡片真是烦。不如把它们装在名片夹里，要用的时候就会很方便。

CD
封面或包装记得向外放

数量多到令人头大的ＣＤ唱片，若能看到封面就很方便了。将外包装或侧标朝外，寻找起来便省事许多。

减少物品数量
打造宽敞的开运客厅

收纳物品
加装小藤篮收纳柜变抽屉

有一定深度的多层收纳柜，直接把物品放进去并不好拿取。若搭配上相同尺寸的藤篮，使用起来就方便多了。

小动作，好运来敲门！

勤擦窗户随时都是亮晶晶

一尘不染的明亮窗户会吸引好运上门，千万别让客厅窗户雾蒙蒙的，请养成勤擦窗户的好习惯。

账单
放入透明文件袋立即一目了然

先将每个月的账单数据分类，再装入透明文件袋，若能用颜色做区分使用会更顺手。

开运 ⊕α LESSON

（寻找住家中心的方法）

想要找你家的中心位置吗?
请参考下图，以此类推便可知道家中玄关、客厅、
浴室、厕所的方位。

平均凹凸，找出中心

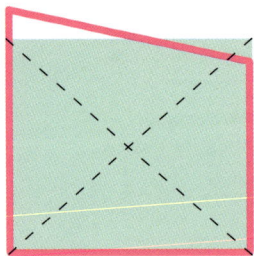

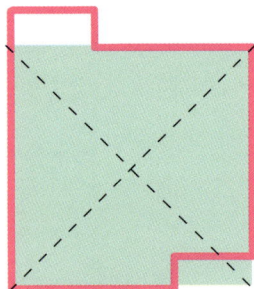

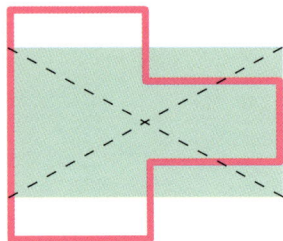

去除凹凸，找出中心

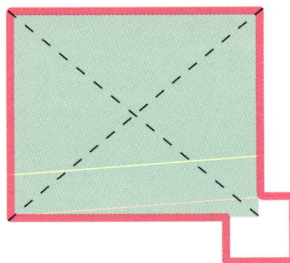

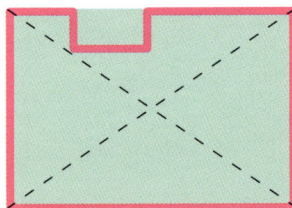

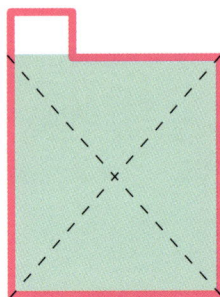

家中一边有1/3以上的凹凸处先将其平均（包含原本的长方形）。连结对角线后，中心点部分就是住家的中心位置。

家中一边有1/3以下的凹凸处便将其去除。把剩下的长方形的对角线相连，中心部分就是住家的中心。

PART2

做好衣物收纳
提升人际关系

温柔包覆你身体的衣物，
只要做好衣类的收纳，
就可使贵人聚集到你身边，
建立和谐的人际关系。

确实整理每一件衣物，增加安定性！

温柔保护身体的衣物，记得随时收纳整齐！

吸收各种气场的布类请小心地整理

直接与皮肤接触的衣物，总是温柔地包裹身体，给我们最安心、稳定的感觉。因此，好好收纳你每天必需的衣物，可为自身带来安定。

尤其布是种很敏感的东西，它可以吸收各种气，坏气、好气都照单全收，因此更要小心收纳整理。

最好的整理方式，就是将衣服整齐折叠有如商店的陈列般，收纳时保留些许空间，好让你一打开衣橱时便可立刻知道有什么物品，确实掌握自己有哪些衣服，随时做搭配。

如果你常有老是找不到衣服，不小心买到重复的衣服等情况，就请开始着手衣服的分类、收纳吧！

招来好运的衣物收纳 3 要点

1 赏心悦目的陈列收纳
请用装饰的心情去收纳衣物，视觉上的舒适能为你带来愉悦的心情。

2 仔细分类再收纳
将衣服按照季节、品项、颜色逐一分类，之后再统一收起、整理。

3 严禁硬塞，保留空间
为了不让衣服变形，收纳时请保留 20% 的弹性空间。

★ 九星的开运服装 ★

一白水星	圆点、女性化的打扮
二黑土星	小碎花、裤装
三碧木星	素面、红或绿色
四绿木星	薄荷绿、优雅的打扮
五黄土星	条纹
六白金星	简约的设计、白色
七赤金星	千鸟格纹、优雅的打扮
八白土星	驼色、带红的鲜黄色
九紫火星	个性化的图案、红或紫色

这就是提升安定运的衣橱！

CHECK!

分层式收纳

依上衣的颜色来收纳

分层设计的活动吊篮可用衣服颜色区分。暗色系放在下层，白、驼色等浅色系放在上层，营造视觉上的安定感。

CHECK!

外衣类

有重量感的往外侧放

外套、大衣等看起来很有分量的衣物，如果放在靠近房门口的位置，不会产生压迫感。颜色淡、材质轻的可以往内侧放。

CHECK!

透明收纳箱

一眼就明了的简单收纳

先在透明收纳箱里铺上布，再以颜色区分收纳。把衣服折整齐就可放进收纳箱喔！

CHECK!

下摆长度

由长到短依序排列

吊挂外衣时，请依长度来挂。这样看起来不但美观，寻找起来也较方便。

收纳衣物的开运小物

天然素材的收纳用品

木制、藤编等材质的收纳用品都是不错的选择。通气性佳又不易潮湿，可保护重要的心爱衣物。

炭

衣服最怕被虫蛀了，建议可以用放点以白纸包裹的备长炭，不但可防虫蛀也可除湿。

不需要的衣物就通通处理掉，才能有宽敞的收纳空间！

面对不断增加的衣物，要有取舍的勇气！

坚持判断的原则
处理舍不得丢的衣服

你的手边是否有"总有一天应该会穿到"，却一直苦无实际机会可穿的衣服？布是种会吸收各种气的敏感材质，因此收纳时要格外留心。同时也请仔细看看那堆你舍不得丢弃的衣物，先设好丢弃的标准，重新评估是否有保留的必要，让总是快爆炸的衣橱变身成宽敞的空间吧！

> 好，把不要的衣服找出来！

不需要的衣物

不常穿的衣服和配件

衣物的处理检视表
※下列选项若有 2 个以上符合的话，便可列为需处理的衣物。

□ 2 年内一次都没穿
□ 现在穿太大 / 小了
□ 好像已经不流行了
□ 不适合自己
□ 衣服的颜色不是你的幸运色
□ 有污痕或破洞

···处理方法 1···
转送给喜欢这件衣服的人

假如你身边有人喜欢这件衣服，就把它转送给对方吧！不仅对方开心，衣服也重获生命。

> 我记得你很喜欢这件衣服？

···处理方法 2···
裁成小块当作抹布使用

失去弹性的T恤可以剪成适当大小，在打扫时当抹布使用。丢弃前还可发挥最大效用。

···处理方法 3···
拿到跳骚市场转卖

FREE MARKET

如果你有很多不需要的衣服，拿到跳蚤市场转卖也是不错的方法。说不定会遇见适合那些衣服的有缘人。

你的家 OK 吗？

衣物的收纳 & 整理 NG 大检查 ☑

仔细想想，你是不是习惯用随手乱塞的方式收纳衣物呢？相信那些衣服已经变形了吧？请重新确认一次，找出错误的地方。

☐ 送洗回来的衣服直接用塑料袋套着

☐ 小包包收在大包包里

☐ 随便乱放，老是找不到要穿的衣服

> 我的白衬衫呢？

> 针织类的衣物绝不能卷起来收纳，否则外侧会拉长，反而会变形。此外，利用大包包收纳其他物品虽然可以节省空间，但找的时候却很费时。洗衣店送的封套只是单纯的塑料袋，无法保存衣物，拿回家后还是要改用专用的防尘套收纳。

☐ 衣橱里温度很高

☐ 用卷的方式，收纳针织衣物

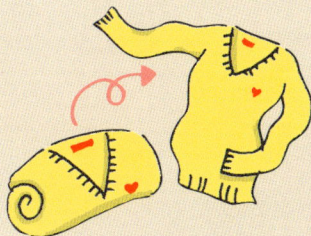

整理重点集请参阅 P36 ➡

衣物收纳
宽敞的收纳方式
让运气 UP UP!

折叠整齐，分类整理

请妥善收纳能让你更稳定的布类、衣物。为了不让衣服变形，收纳时要保留适当的空间。

★ 帽子
吊挂收纳
保持完美的帽型

占空间的帽子收纳时可利用S型挂钩挂在墙上，不仅方便更不怕变形。

★ 换季时
别让衣服
成为陈年压箱宝

这是夏天的……

一年两次换季是整理衣物的最佳时机，利用这机会判断衣服是否还需要保留吧！

秋·冬　春·夏

★ 衣架
不同的衣物
使用不同的衣架

衬衫要用较细的衣架，外套则要粗一点。视衣物款式选择衣架，才能防止变形。

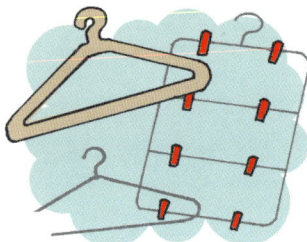

★ 裙子
漂亮的裙子
就用专用衣架挂起

容易被压皱的裙子请用专用衣架挂起，多层式的裙夹也很好用。

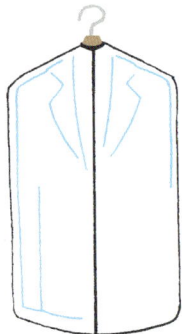

★ 正式服装
重要衣物
请用防尘套套好

礼服或出席婚丧喜庆时才穿的重要服装，请先套上防尘套再挂起来。

★ 皮带
卷起收纳
放入分格的盒子

容易弄丢的皮带卷起来会比较好整理，若能放在有分格的盒子就更一目了然了。

clothes

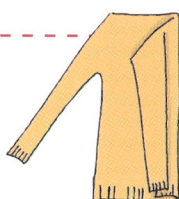

针织衫

★ 衣物的正确折法 ★
**折叠整齐、缩小体积
让收纳空间变宽敞**

将衣服折叠好再放进抽屉
里，可以有效节省空间。
让我们一起来学习衣服的
基本折法吧！

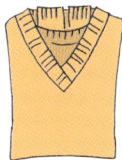

3 身体部分往上折两次
下摆往上折两次，再翻回正
面，整理领口就完成了。

2 调整两边的袖子
折另一边的袖子，调整袖
子，别让它从腋下露出。

1 先折袖子
将背面朝上，袖子向上
折。注意别压出皱褶。

裤子

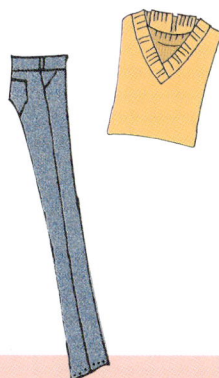

3 再折一次
再反折一次，也就
是将裤子分三折。

2 将裤管向上折
将裤管向上折至裤
身的 1/3 左右。

1 对折
裤子对折。若
已有折痕，请
顺着折痕折。

啊！找到了！

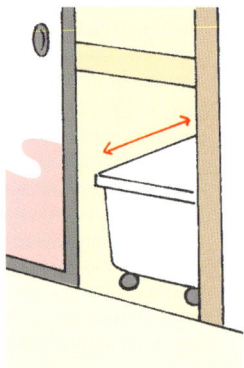

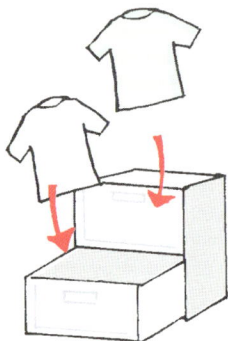

衣物收纳实践集

⭐ 五斗柜
**常用物品
就放在中间层**

以"使用频率"作为收纳的重点依据，经常要使用的物品就放在中间那层。

⭐ 壁橱
挑选符合壁橱深度的收纳箱

在壁橱里放入深度相同的收纳箱（附滚轮的设计）。就算物品被挤在内部角落也能轻松取出。

⭐ 透明收纳箱
**先分类
再依序收纳**

用透明收纳箱收纳衣服时，最好先分类折好，再分层装入抽屉。

⭐ 围巾
**统一收进抽屉里
以便拿取**

围巾要搭配抽屉的高度折好，以直立的方式收纳，好方便判断花色，拿取时会比较方便。

⭐ 手帕
**将刺绣或
文字图案面朝上**

手帕上若有刺绣、品牌Logo，收纳时尽量把它露出来。这么一来，找的时候就会方便许多。

⭐ 首饰
**大方地陈列
展示出来**

饰品可以挂在软木塞板上或收在透明收纳盒里，当作一种赏心悦目的装饰。

⭐ 包包
收至高处的层架

衣橱或层架上方是包包的最佳收纳位置，不但空间够宽也不怕被挤压变形。

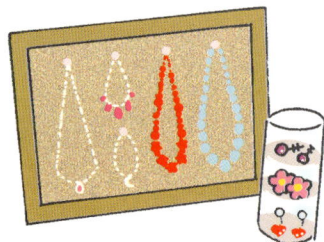

⭐ 浅底的收纳柜

一层收纳放
一件衬衫刚好

浅底抽屉的收纳柜是收纳衬衫的最佳选择，一件件分开放不怕压叠出皱褶。

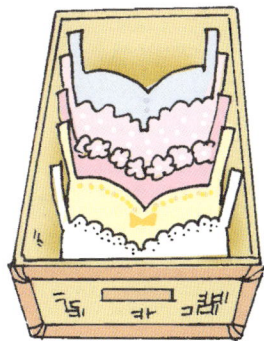

⭐ 内衣

直接收纳勿折叠

收纳女性内衣时千万不要折，以免罩杯变形。整齐摆放，一件件叠好即可。

⭐ 袜子、丝袜

一双双放好
不可分散乱放

容易失散的袜子请一双双收好，容易找不到的丝袜先绑个结就不会走失了。

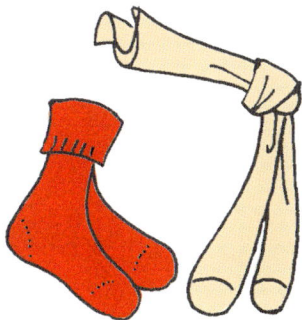

⭐ 天然收纳素材

使用木质层柜收纳衣服

通气性佳的藤编收纳柜，是收放易吸收湿气的衣物的最好选择。塑料材质的话请先铺块布再收纳。

小动作，好运来敲门！

培养为衣橱换气的好习惯

容易产生湿气的衣橱，需要经常换气。定期把衣服拿出来，用吸尘器吸一吸，让衣橱内常保空气流通的状态。

⭐ 碎布、钮扣

集中再统一收好

为了避免要用的时候找不到，碎布和备用的钮扣请统一放在透明活页夹里。

开运 ⊕α LESSON

（ 提升恋爱运的小贴士 ）

每个人家中都有提升恋爱运的"桃花位"。
只要搭配专属幸运物，就能打造桃花朵朵开的房间。

提升恋爱运的"桃花位"

玄关方向	桃花位
北	东
东北	西
东	南
东南	南
南	西
西南	西
西	西南
西北	北

生肖	桃花位
猪 兔 羊	北
蛇 鸡 牛	南
虎 马 狗	东
猴 鼠 龙	西

蔷薇水晶、紫水晶

在桃花位摆上蔷薇水晶或紫水晶，重点是旁边要放自己的照片。

提升恋爱运的开运小物

大朵的花

在房间东边摆大朵红花，花瓶最好选红色或透明的。若能放在桃花位上还可提升结婚运。

水晶

在住家、房间的东面窗边挂上水晶。东边是吸引新事物进入的方位，可提升邂逅的几率。

花朵窗帘

把住家的窗帘改成花朵图案吧！粉红色×荷叶边是很不错的选择，令人觉得柔和。

PART3

提升财运与健康运
浴厕&厨房整理术

容易累积污垢的浴厕与厨房，
掌握了每个人都在意的财运与健康。
只要把厕所、浴室、厨房等地方整理干净，
就能让你好运挡不住！

清爽明亮的厕所，助你财运滚滚来！

一向被视为住家最脏的地方，更要保持整洁！

容易累积污垢的厕所，就尽量少放物品

厕所是排放人体废弃物的地方，加上湿气又重，空气里总是充满病毒和细菌。但是，只要把这里整理干净，对财运、健康运都有很大的帮助喔！此外，对女性来说，肮脏、潮湿的厕所也是造成妇科疾病的原因之一，所以请多用心，随时保持厕所的清洁。

另外，因为厕所是容易滞留秽气的空间，因此这里的收纳物品尽可能越少越好。厕所必备的卫生纸也是种容易吸收秽气的东西，若想放些备用的卫生纸在厕所里，最好能收进橱柜避免直接与厕所的空气接触。

提升财运的厕所3要点

1　若非必要，请减少物品数量
卫生纸等生活用品容易吸收秽气，建议不要一次放太多备用的存货。

2　摆盆观叶植物
在充满秽气的厕所里摆盆观叶植物，植物的光合作用可代谢、中和厕所里的空气。

3　准备脚踏垫和拖鞋
脚踏垫和拖鞋可避免脚直接接触到厕所冰冷的地板，保护我们与厕所的秽气隔离。

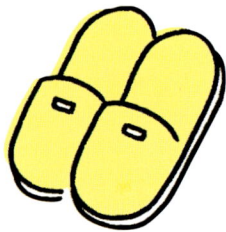

★厕所方位的幸运色对照表★

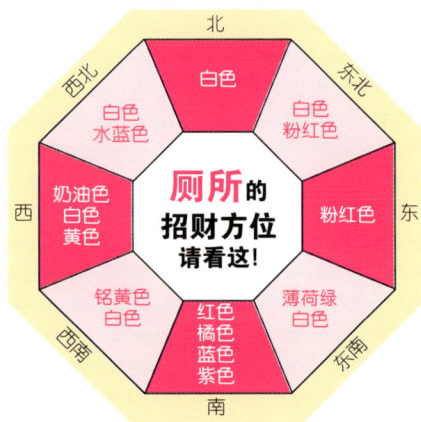

北

西北　白色　东北

白色
水蓝色

白色
粉红色

西　奶油色
白色
黄色

厕所的
招财方位
请看这！

粉红色　东

铭黄色
白色

红色
橘色
蓝色
紫色

薄荷绿
白色

西南　南　东南

这就是提升财运的厕所!

CHECK!

窗户

有对外窗的厕所记得经常打开好通风

空气容易淤塞的厕所,更需注意空气的流通。有窗户的话就可适时地打开,没有窗户的不妨装置抽风机或负离子空气净化机。

CHECK!

观叶植物

观叶植物有助中和厕所的空气

观叶植物不仅在视觉上增添清爽,释放的纯净能源,还可稳定厕所里的秽气,空间允许的话不妨放盆绿色观叶植物吧!

CHECK!

脚踏垫、拖鞋

防止脚接触冷冰地板的必备品

接触到冰冷的地板会使你的运气变差,因此请在厕所里准备棉质拖鞋、踏垫。只要保持脚部温暖,秽气便无法靠近。

CHECK!

毛巾

选择幸运色提升运势

厕所里可放条干净的干毛巾,颜色以具清洁感的白色或是你的厕所方位幸运色为佳。

净化厕所空气的开运小物!

炭

大家都知道炭可以除湿,此外它还可以吸收厕所内的秽气。固定时间水洗、日晒,能量便可持续。

盐堆

自古以来,盐就被人认为有"净化"效果,放在厕所刚刚好。但别忘了要经常更换喔!

厕所空间要尽量少放 会吸收秽气的纸类与布类！

处理不需要的物品，让厕所更洁净！

将纸类、布类处理好，维持厕所的整洁！

厕所里最多的物品就是容易吸收秽气的纸类、布类。你家的卫生纸和备用毛巾是不是都放在厕所里呢？请改掉这样的习惯，将不需要的纸类、布类拿出来整理好。另外，像是上厕所看的杂志、报纸，看完后也别堆在厕所里，请拿至它该在的位置放好。

你的厕所不需要这些！

旧毛巾

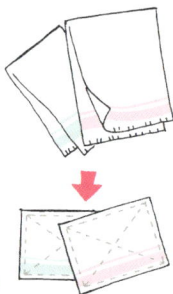

和拖鞋一样要定期更换

和拖鞋一样同属消耗品的毛巾，因为是放在厕所，即使经常清洗还是要定期更换。

…处理方法…

准备丢弃的旧毛巾，可当成抹布再利用。

书籍、杂志

厕所里别放书报杂志

习惯把书或杂志带进厕所的人应该不少，但千万别那么做。看完就把它们拿出厕所吧！

清洁用具

肮脏的清洁用具有碍运势的展开

使用干净的清洁用具有助运气的提升，如果已经脏了就尽快丢掉吧！

旧拖鞋

脏掉的拖鞋会消耗你的运势

属于高消耗品的拖鞋，只要稍微有一点脏污便无法提升运势。最好每半年换一次。

你的家 OK 吗?

厕所的收纳 & 整理 NG 大检查 ☑

整理厕所时绝不可忽略机能性,例如在马桶水箱上摆一堆生活用品,到时你就可能因为麻烦而不想整理这些地方了。

☐ **厕所里没有窗户**

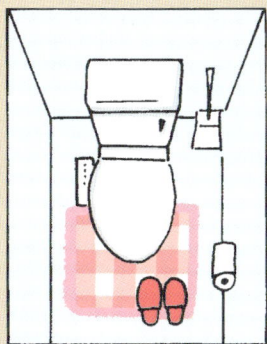

☐ **直接把卫生纸堆在地上**

☐ **马桶水箱上堆满杂物**

一般人很习惯在马桶水箱上放置物品,但最好是摆花做装饰。卫生纸、书等易吸收秽气的纸类,尽量别放在这儿。不过,必要的卫生纸可取需要的量放在厕所橱柜备用。

☐ **习惯将马桶打开**

☐ **厕所里堆放许多没看完的书**

整理重点集请参阅 P46 ➡

厕所收纳

整洁的厕所
让你的财运无法挡！

橱柜里只放需要的物品

> 厕所是容易产生秽气的地方。因此整理时要减少放在这里的物品，并妥善收纳日常用品。

✪ 颜色
使用幸运色，运气更旺！

厕所也有不同的幸运色。使用自己的幸运色去装饰厕所，运势会更旺喔！

✪ 擦手巾
**注意定期
清洗与更换**

放在厕所的擦手巾也很容易吸收秽气。为了保持心情愉快，记得要经常换洗唷！

✪ 毛巾
**尚未使用的毛巾
就收到厕所以外的地方**

未使用的毛巾请不要放在厕所里，但是放太远又不方便，最好是放在洗脸台层架等离厕所比较近的地方。

✪ 卫生纸
**收在橱柜里
避免与湿气接触**

卫生纸非常容易吸收秽气，故请收在橱柜里，避免直接接触到空气。

✪ 花
**摆上鲜花
中和厕所气场**

厕所里因为潮湿，容易滋生细菌、病毒、聚集秽气。在此装饰鲜花可补充正向能源，缓和厕所内的秽气。

✪ 卫生用品
装进有盖的藤篮里

独立包装的卫生用品虽然比较不易受到秽气影响，但最好还是把它们装进附盖的藤篮里。

toilet

隐藏许多秽气的厕所，
就用橱柜收纳
以提升财运！

小动作，好运来敲门！

维持厕所的整洁

厕所的整洁与否和财运的提升息息相关，请动手打扫住家的厕所吧！整个人的心情也会顺带变舒畅喔！

☆ 负离子清净机

把秽气转换成新鲜空气，放松身心

负离子可制造出森林浴的感觉，抚平急躁的情绪。放在厕所里，可有效提升不动产运及财运，没有窗户的密闭式厕所尤其适合。

☆ 清洁用具

统一集中收纳

经常被随意放置的厕所清洁用具，最好的收纳方式就是统一集中，要用时也方便。箱子或藤篮都是不错的收放位置。

洁白无尘的沐浴空间 有效提升健康及美容运！

让为身体洗去疲累的浴室变得更洁净！

干净宽敞的空间 让人一踏入就能放松

浴室是洗去一天脏污、消除坏心情的重要场所。在一天结束前，只要能好好地洗澡放松，全天的疲累会立即消失，更能提起精神去面对明天，甚至体内的气场循环及代谢也会提高，让你拥有健康又美丽的身体。

但是请注意！浴室是个容易滋生霉菌的地方。为此，尽量去除湿气，别把物品放在地板上，可以的话就利用观叶植物帮助气场流动。

另外，虽然一般的沐浴用品都可长时间保存，但放在湿气重的地方太久也不太好。因此，请尽可能地精简收纳，只在浴室里放需要的量。

提升健康、美容运的浴室3要点

1 窗户、抽风机、盆栽 有助于空气流通
窗户或抽风机可保持通风，避免浴室潮湿。另外，观叶植物也可帮助净化空气。

2 减少沐浴用品的数量
洗发精和香皂维持足够的备用量就好，其他的存货就先收到其他地方，别放在浴室里。

3 沐浴用品不要直接放地上
香皂或洗发精等请不要直接放在地板上，层架是最佳收纳位置。

★ 九星的浴室 & 厕所吉位 ★

一白水星	东南、东
二黑土星	北、西北、西
三碧木星	西北
四绿木星	西北
五黄土星	东、北、东南
六白金星	东、东南、南
七赤金星	东、南、东南
八白土星	东、东南、北
九紫火星	北、西北、西

这就是提升健康、美容运的浴室！

CHECK!
镜子
明亮的镜子，
让气场流动变更好

镜子可有效帮助气场流动，是最适合放在浴室的物品。请时时保持洁净，让空气顺畅流动。

CHECK!
窗户
开开关关，
将湿气赶出浴室

开启浴室的窗户可让湿气流出，帮助空气流通。若是没有窗户的话，可用抽风机去除湿气。

CHECK!
观叶植物
适度装点，
维持良好的空气流通

观叶植物会带来良好的气场流动，相当适合放在因潮湿而发霉的浴室里。不妨准备一盆净化空气吧！

CHECK!
地板
时时打扫，杜绝霉
菌、恶臭与脏污

浴室是家中最易累积霉菌、恶臭及污垢等恶气的地方。勤加打扫，才能让它清爽又舒适。

九星的浴室幸运色

九星	基本色	小物色
一白水星	白色	红色
二黑土星	白色	奶油色、黄色
三碧木星	白色、水蓝色	绿色、红色
四绿木星	白色、奶油色	绿色
五黄土星	白色、土黄色	金色、黄色

九星	基本色	小物色
六白金星	白色、水蓝色	白色、金色
七赤金星	白色、奶油色	白色、黄色、金色
八白土星	白色	白色、黄色、红色
九紫火星	白色、水蓝色、绿色	紫罗兰色

浴室

未使用的沐浴用品，也要处理干净！

去除身体污垢的空间，要常保干净！

容易堆放杂物的空间，请慎选使用物品！

空间有限的浴室,常因堆放洗发精、润发精、沐浴乳、香皂等沐浴用品而显得杂乱。因此当你因为新奇而买了新产品时,就暂时把尚未使用的收起来吧! 此外,颜色过多、设计不一的用品, 也会因为突显浴室空间的凌乱而影响心情,请趁早处理。在浴室里摆上喜欢的用品, 好好享受放松的入浴时间。

你的浴室不需要这些!

化妆品试用包

时间太久的就丢掉吧

在不知不觉中数量累积越来越多的试用品, 如果太久了的就通通丢掉吧!小心用了反而伤皮肤喔!

未使用的洗发精

另外收纳以免占空间

容易囤积过多的洗发精、润发精, 瓶瓶罐罐而显得非常凌乱, 若暂时没在用就收起来。

旧毛巾

会和皮肤直接接触请勿再使用

因为会直接接触到皮肤, 太旧的就别再用了。使用前可挑选喜欢的颜色或图案设计。

牙刷

有多少人就保留几支

看起来都差不多的牙刷,到底谁是谁的? 记住! 依据家中人数来放。

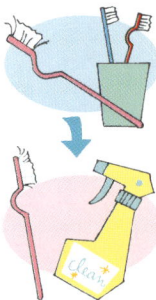

…处理方法…

旧牙刷可拿来清除水槽、沟槽,丢弃前别忘了多加利用。

你的家 OK 吗？

浴室的收纳&整理 NG大检查 ✓

　　清洁身体的浴室当然不能有脏污累积。干净的浴室可将恶气、污垢一扫而空，洗脸台的收纳越简单越好。

☐ 前晚浴缸里的
水没放掉

☐ 使用黑色的
收纳架

☐ 香皂、洗发精直接
放在地板上

香皂或洗发精不可直接放在浴室的地上，要统一收放在固定位置。白色是浴室的基本幸运色，黑色则会让运势变差，要尽量避免。而累积太多的待洗衣物也会产生秽气，务必定期清洗哦！

☐ 吹风机的插头
从未拔下

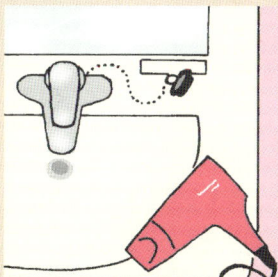

☐ 待洗的衣物
堆积如山

整理重点集请参阅 P52 ➡

51 ★★★

浴室收纳

洁净的浴室
有效提升健康运！

沐浴用品尤其要用心整理

> 浴室是洗去一天疲惫的地方，当然要讲究清洁。沐浴用品的收纳，要方便取用并兼顾美观。

⭐ 牙刷
配合人数整理

为了让视觉更清爽，牙刷要视家中人数来放，可以以不同的颜色来区分使用者。

⭐ 观叶植物
有助空气流通
减少霉菌及污垢

浴室里因为湿气重，所以容易滋生霉菌及脏污，观叶植物可帮助空气流动。

⭐ 脚踏垫
避免脚接触冰冷地板

脚踏垫可重整浴室的气场，防止脚直接接触到冰冷的地板。最好选择天然素材且触感好的踏垫。

⭐ 吹风机
收纳前整理好电源线

纠结的电源线看起来很不舒服，收吹风机前记得将电源线整理好，收入洗脸台附近的层架。

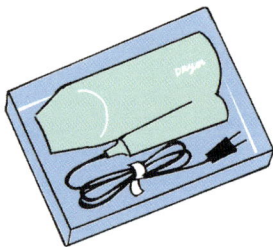

⭐ 洗发精、香皂
统一收纳
使用更方便

统一收纳的沐浴用品不仅便于使用也美观，但建议不要直接放在地板上，最好收进藤篮内。

⭐ 浴巾
保持清洁，只保留必要的量

浴巾可收在洗脸台附近的收纳架。未使用的毛巾就另外收纳，注意只放需要的量。

小动作，好运来敲门！

保持排水管的通畅

浴室的排水管容易被头发、毛屑给堵塞。一旦堵塞，就会影响水的流动，进而牵动浴室的气场，请定期打扫。

✦ 洗脸台下的空间
把保养品隐藏起来借以提升运气

洗脸台上只放牙刷和洗面奶，护肤、护发用品及备用的洗发精等可收入下方的空间。

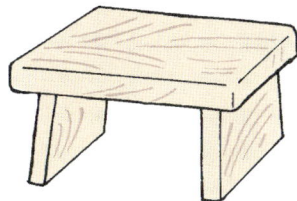

✦ 椅子
浴室内的小椅凳以桧木制最佳

放在浴室的椅子和水桶，最好能选择桧木制品。散水力高，时时保持干爽洁净，令人心情舒畅。

bathroom

洁净的镜子
搭配观叶植物
营造整体清洁感

兼具机能与整洁的厨房 让家庭运更旺！

掌管饮食的空间，只要多用心就能提升全家运势！

家人的健康与活力 来自整洁的厨房

食衣住是维持人类生存的基本。掌管"饮食"的厨房因为常会用到水，因此与财运也有关系。但是对家庭主妇来说，厨房更是提升家庭运的重要场所，因为家人的三餐都是在这里烹煮。妈妈在干净整齐的厨房里煮菜，精神不仅会变得很好，更会因为以愉快的心情做饭，让家人从饮食中获得更好的营养。因此，厨房可说是掌控家人健康的地方。

不过，重要的厨房却也是易脏的、堆积物品的场所，整理的原则就是把餐具橱和冰箱里多余的物品处理掉！说不定藏了许多过期食材和调味料在你没看到的地方喔！把一切整理干净，打扫起来就会轻松许多。

提升家庭运的厨房 3 要点

1 食材、调味料及餐具 只准备需要的量
过期的食材会释放出阴气。时时检查，做好食材管理。

2 勤打扫，保持干爽 清洁的状态
水槽附近很容易累积水气，为了维持干爽请常保清洁。

3 常用物品就放在 方便拿的地方
厨房用品的收纳尤其要注重机能性，打造令人心情愉快的料理环境。

★不同方位的厨房重点★

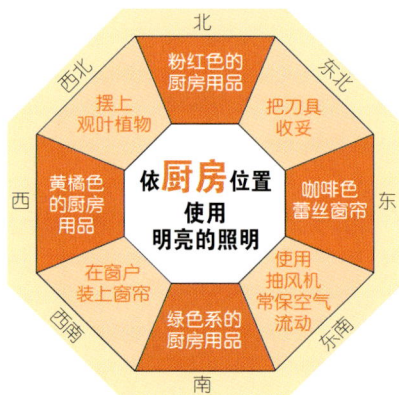

北

东北 把刀具收妥

东 咖啡色蕾丝窗帘

东南 使用抽风机常保空气流动

南 绿色系的厨房用品

西南 在窗户装上窗帘

西 黄橘色的厨房用品

西北 摆上观叶植物

北 粉红色的厨房用品

依**厨房**位置 使用 明亮的照明

这就是提升家庭运的厨房！

CHECK!
垃圾桶
选择重点
小体积 + 附盖

垃圾会散发阴气,累积太多并不好。因此,垃圾桶最好选择有盖且体积小的款式。

CHECK!
水槽
待洗碗盘不堆积
彻底清除水气

你的水槽内是否常有未洗的脏碗盘呢? 有待洗的餐具就快点清洗,让水槽常保流畅干净。

CHECK!
厨房踏垫
棉质素材
可以中和火气

厨房踏垫请选用棉质的,它可以中和木头与火气的接触。但因为也会吸收水气,故请经常替换。

CHECK!
窗户
别阻断
阳光的照射

窗户可让厨房保持通风,而为了让阳光进入屋内,窗帘最好选用无遮光性的蕾丝款式。

提升家庭运厨房开运小物

鲜花
花也是调整阴阳平衡的物品。在有水又有火的厨房里,装饰鲜花可以保持整体平衡。

成套的餐具
成套的餐具看起来不仅整齐,收纳起来也方便。白色的陶制品可提升运气。

洁净厨房 × 机能性收纳，让你的运气大提升！

以使用性及视觉美感，营造舒适的厨房空间

减少物品数量，让空间更显宽敞！

充斥着水、油、食材的厨房，最容易藏污纳垢，堆积杂物。为了提高厨房的运势，做到机能性收纳以及勤加打扫便是关键所在。先处理掉不需要的物品，让空间变宽敞之后，再把需要的物品收放在正确的位置。这么一来，你就能拥有整齐舒适的厨房，往后只需要保持干净即可！

OK!!

你的厨房不需要这些！

久未使用的盘子

**别放着不用
快快处理**

不用的餐具放着只会占空间，用不到的餐具就丢掉或送人吧！

…处理方法…

未用的盘子打破放入盆栽土里，可帮助去除多余水分。

焦黑的锅具

**满布焦痕的锅具
让运气大扣气**

黏附焦渍的平底锅和锅具会使财运下降，把它们刷洗干净才能提高财运喔！若已久未使用就大胆丢掉。

超市的塑料袋

**不贪心
只保留需要的量**

超市里免费取得的塑料袋，一转眼就累积一堆，为避免这种情况，收纳量请控制在5~10个。

过期的食材、调味料

天啊！都过期了！

**占空间的过期食品
请尽快处理掉**

冰箱或水槽下方的收纳柜，里面若有过期罐头和调味料，就快点丢了吧！

你的家 OK 吗？

厨房的收纳 & 整理 NG 大检查 ☑

"保持清洁"是厨房的基本原则，为家人烹调三餐的地方怎么可以脏兮兮的呢？只要花点心思就能改善，让我们一起来检查吧！

☐ **水槽的三角槽总堆着厨余**

☐ **冰箱上贴满便条纸**

这是什么时候的啊？

☐ **沥水槽里放满洗好待干的餐具**

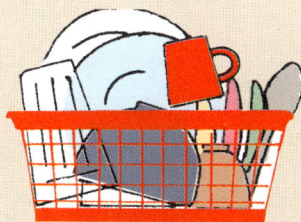

煤气灶下方因为正对火源，因此不适合保存食品；冰箱上若贴太多便条纸，不仅不美观也失去留言的意义。水槽中的三角槽请勿放置厨余，可以的话不要累积，每天定时地丢弃。

☐ **用塑料袋替代垃圾桶**

☐ **把食品收在煤气灶下方的收纳空间**

Rice

整理重点集请参阅 P58 ➤

厨房收纳

便于使用的厨房
让家庭运 UP！

厨房的收纳以"机能性"为优先！

厨房的好坏取决于"使用的便利性"，快来打造一个可以令你快乐做菜的理想厨房吧！

★ 平底锅、锅具、勺子
方便拿取的吊挂式收纳

每天都需要使用到的平底锅或其他锅具，就请吊起来收纳。但是请不要挂太多，以免影响美观、使用起来也不方便。

★ 瓶装物、根茎类蔬菜
地板下最适合收纳食品类

瓶装物或马铃薯等根茎类蔬菜可以收入地板下的空间，尤其根茎类本来就生长在地下，在此最适合不过。

★ 刀叉汤匙餐具
利用抽屉的分格依材质收放

相同材质的餐具集中在一起，可以有效提升运势，此外，也能提高各材质的能量。

★ 冰箱
物品的取用"方便"最重要

保存期限短的物品，放在打开就能看到的位置。使用托盘可看清楚角落有什么，拿取时也会比较方便。

★ 餐具
放在托盘上立即一目了然

收在餐具橱里的餐具，常常无法一眼就看清楚，若将餐具收在托盘上，不但可以立即知道里面放了什么，取用时也很方便。

kitchen

考虑机能性
打造清爽的
厨房收纳

小动作，好运来敲门！

经常打扫水槽

厨房要常保通风，尤其要注意水槽的清洁。不要累积待洗的碗盘，洗完后记得用抹布将水气擦干。

★ 锅具
与水分不开的用品就固定收在水槽下方

锅具类请收在水槽下方的收纳柜。大的放下面，小的放上面。洗洁剂等也可一起收在这。

★ 菜刀
水槽下方收纳柜的拉门是最佳收纳位置

烹调的各式刀具不要随便放在外面，请收至水槽下方收纳柜的拉门内侧。

开运 ⊕ LESSON

（ 财运上升的重点 ）

除了打扫浴厕、厨房外，在住家环境里还有其他提升
财运的方法喔！简单的小动作，让你家财运滚滚来。

提升财运的厕所

九星	厕所方位	厕所色调	厕所用品颜色
一白水星	南・东	白色	白色・红色
二黑土星	东・东南・北	白色	奶油色・黄色
三碧木星	西北	白色・水蓝色	绿色・红色
四绿木星	西北	白色・绿色	绿色
五黄土星	东・东南・北	白色・土黄色	金色・黄色
六白金星	东・南・东南	白色・水蓝色	白色・金色
七赤金星	东・南・东南	白色・奶油色	白色・黄色・金色
八白土星	东・东南・北	白色	白色・黄色・红色
九紫火星	北・西北・西	白色・水蓝色・绿色	白色・黄色・红色

提升财运的保险库位置

玄关方位	保险库、钱包等招财小物的位置	放在保险库中招财的器皿
北	东・西南	黑色的漆器箱
东北	东南	瓷器
东	西南・北	纸制容器、贝壳加工箱
东南	西南・东	木箱或抽屉
南	东南	铁或金属容器
西南	西	瓷器
西	北・东南	玻璃容器
西北	东・南	竹箱

PART4

启动明日动力的
卧室收纳法

让我们消除一天的疲劳，
养足精神，面对明天挑战的卧室。
请摆上自己喜欢及干净的物品，
保持美观与整洁吧！

整洁的休息环境，让你一整天精力充沛！

打造清爽舒适的空间，为明天养精蓄锐！

为了达到最佳休息效果，不累积多余的物品！

卧室是让你我养精蓄锐、储备活力的重要地方。借由睡眠消除一天的疲劳，好好养足精神。如果你的卧室凌乱、空气不流通的话，睡眠质量就会降低，早上起床时当然无法以积极愉悦的心情展开新的一天。

记得床的四周及梳妆台要保持干净，再摆上属于你幸运色小物，若床下有收纳空间，可以用来收放干净的床单或衣物，为自己创造一个舒适的卧室。

此外，别忘了在窗户挂上窗帘，但为了让早晨的阳光照入房内，请避免选用具遮光性或质地太厚的窗帘，以白色、奶油色等淡色系的窗帘最佳。如果能适度地装饰一些花，还能让你在睡眠时补充能量。

补足元气的卧室 3 要点

1 床下收纳干净的床单或衣物

摆在床下的收纳物品会在你睡眠时吸收气场，因此这里最好收纳干净的床单及衣物。

2 选用幸运色的寝具

寝具颜色以奶油色等浅色系为主，若能配合你的九星幸运色，效果就更棒了。

3 鲜花为你带来更多能量

摆些喜欢的花在卧室里吧！在你睡觉时，便可好好吸收鲜花所带来的能量。

★不同卧室的开运小物★

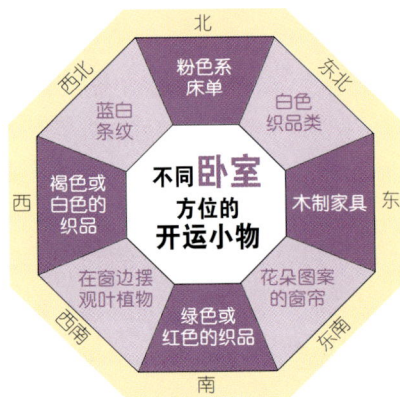

不同**卧室**方位的开运小物

北：粉色系床单
东北：白色织品类
东：木制家具
东南：花朵图案的窗帘
南：绿色或红色的织品
西南：在窗边摆观叶植物
西：褐色或白色的织品
西北：蓝白条纹

这就是让你活力十足的卧室！

CHECK!
窗帘
淡色系是最佳选择

请选用白色、奶油色或黄色等浅色系的棉质薄窗帘，让阳光进入屋内非常重要。

CHECK!
画
挂上你喜欢的画

画可以帮助你获得能量，因此可以在床头边的墙面挂上你的吉祥物或喜欢的画，帮助提升运势。

CHECK!
卧室立灯
对称摆设

立灯要对称摆设，睡觉时请保留些许灯光，如此一来便可提高气场的平衡。

CHECK!
梳妆台
请将镜子盖上布

为避免扰乱气场的流动，睡觉时请用布盖住梳妆台的镜子。记得要时时擦拭，保持镜子洁亮。

提升运势的床铺位置！

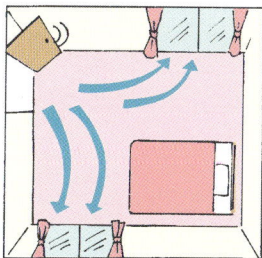

正确的床位

保持门到窗户间的能量流通，就是最理想的床位（如右图所示），让你夜夜好眠喔！

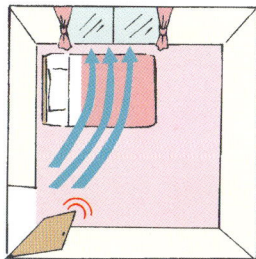

错误的床位

睡觉的位置最好别妨碍到能量的流动，若床是在门和窗户之间的话，就会影响能量的流动（请见右图）。

布偶、娃娃类的摆饰，只放你真正喜欢的就好！

不需要的杂物就移开，保持气场流通！

定期整理抽屉及书架
不累积多余的杂物

　　卧室是让我们休息、消除疲劳的地方。在这样的空间里所看到的一切，最好都是自己喜欢的、美丽的物品。抽屉或橱柜里若有放不下的书、化妆品、小物，请仔细想想是否需要继续保留。若觉得保留杂志太占空间，剪下杂志里的报道留存，也是不错的方法。

你的卧室不需要这些！

未使用的化妆品

别让化妆品占满梳妆台
梳妆台是让女生变美的地方，请勿随意堆放杂物。若有物品无法收进抽屉，就请确认是否需要保留。

书、杂志

累积一定的量时
请尽快处理
书和杂志的体积都很大，又容易囤积，若书架开始放不下的话就要小心了。

布偶娃娃

尽量少放有脸的
布偶、娃娃
布偶、娃娃的数量太多会导致恋爱运下降，要放请放真正喜欢的就好。

…处理方法…
怀着感谢的心将布偶、娃娃用布包好再丢弃。

老旧的寝具

多余的客用寝具
是否真的需要
家中是否有客用或很少使用的其他寝具呢？这样不但不美观又占空间，最好也处理掉。

你的家 OK 吗？

卧室的收纳 & 整理 NG 大检查 ☑

卧室可为你我储存良好的气，因此收纳的重点就在于气的流动。使用的物品也要注意，以免气场堵塞吸收到不良的气。

☐ 房里有黑色或大型的家具

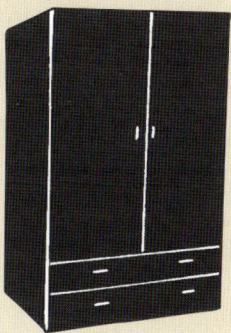

☐ 房里装饰了干燥花

☐ 枕边放了很多布偶娃娃

房间里放太多布偶娃娃会使得恋爱运下降，干燥花会让运气溜走，黑色或大型家具也会使运势变差。房门等于气的入口，请勿在此堆放杂物，阻碍气场流动。使用塑料收纳箱收衣服前，请先铺块布在底部。

☐ 以塑料收纳箱收放衣物并直接放地上

☐ 房门口附近堆满杂物

整理重点集请参阅 P66 ➤

卧室收纳
整洁的卧室，
提升整体运势！

干净寝具更要整齐的收纳！

> 私密的卧室空间，就是要放自己喜欢的物品并随时保持整洁！此外，家具的材质及小物的用色也很重要。

☆ 贵重物品
护照、存折就用透明夹链袋收纳

护照和存折等贵重物品不仅要保持干净，更要妥善保管，用透明夹链袋分开收纳，还可防灰尘沾染。

☆ 枕边空间
随时都要保持清爽状态

为保持枕边空间的清爽，请勿随便堆放杂物。在床头柜摆上鲜花装饰，还能使你得到能量。

b e d r o o m

维持枕边清爽
整理一个舒适的
卧室空间

☆ 棉被
最好收进壁橱的上层空间

收纳棉被时，最好避开潮湿的位置，改放湿气少的壁橱上层。为提高通气性，建议铺上竹席。

☆ 床下的收纳
将干净的床单或毛巾收在下方

床下空间是我们在睡眠时最贴近身体背部的位置，若要使用这里，请放些干净的床单、毛巾等具有良好气场的物品。

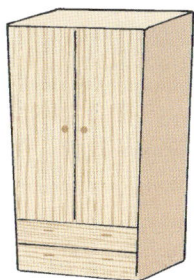

⭐ 木制家具

木制家具为卧室
带来温暖气氛

卧室是让我们好好休息的私密空间，选择带有温馨气息的木制家具，更能让人放松身心。

⭐ 寝具

选用白色
再重点搭配幸运色

白色的床单不一定要搭配白色的枕头，运用你的幸运色或有图案的寝具也能提升运势。

⭐ 水晶

放在计算机、电视周围

如果可以，最好别把计算机或电视放在卧室。真的逼不得已，可以放置水晶，它会为你吸收电器释放的强大磁力。

⭐ 信件

未回的信件
可用夹子夹好

尚未回复的信件或近日内收到的请帖用留言夹夹好，就不怕忙到忘了。已回的信件就收进箱子里。

小动作，好运来敲门！

将床下杂物清干净

我们在熟睡时很容易受到床下空间的影响。请将堆在床下的杂物清空，用吸尘器打扫干净。这么一来，你的睡眠品质也会提高。

⭐ 书

秀出书背排排站
清楚又美观

把书放在书架上时，将书背或封面摆出来最方便一目了然，比较重的书就放在下层并分类整理。

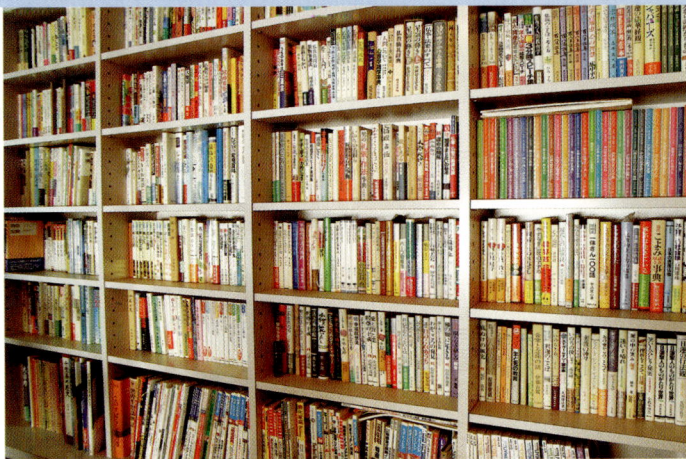

⭐ 珠宝首饰

未使用的珠宝
请收进珠宝盒里

平时用不到的珠宝请放在珠宝盒中保存。记得要定期擦拭保持耀眼光泽，运气也会相对提高。

⭐ 已处理的信件

只保存重要的信件

基本上，信件最好是直接处理掉。但如果是充满回忆的重要信件，就用通气性良好的盒子收纳吧！

⭐ 镜子

请盖上布罩

人在睡眠时气场尤其容易受到干扰，所以镜子不使用时请用布罩盖住。

⭐ 花

在床边放鲜花
增加好气场的吸收

当人在睡眠时会从头部吸收气场，因此枕边空间一定要保持清爽。若能用鲜花装饰或点香熏油，更可提升恋爱运。

✿ **香**
舒缓心灵的香氛
伴你入睡

芬芳的香味可帮助身心放松，睡前在床边点上香，不仅有助于入睡，还有净化作用。

✿ **梳妆台**
切勿把化妆品
散置在桌面上

梳妆台上尽量别堆放物品，保持桌面清爽，才能提升运气。化妆品等请收进看不到的地方。

✿ **房内灯光**
在角落放置立灯

睡觉时房间没有半点灯光会很容易吸收到阴气。放盏小夜灯，适度的光线可提升睡眠质量及运势。

✿ **化妆品**
化妆品请放入
梳妆台的收纳空间

化妆品不要直接放在梳妆台上。未使用的化妆品也请尽快处理，以保持收纳空间的宽敞。

小动作，好运来敲门！

杂志的剪贴收集

空间有限的书架，当书太多时就会放不下，其中杂志最容易占空间。把喜欢的部分做剪报收藏，便可减少空间的浪费。

✿ **化妆箱**
没有梳妆台时的替代品

因为没有梳妆台就把化妆品放在洗脸台的话，会造成运势下降。真的没有梳妆台，请用化妆箱来收纳。

✿ **陈列摆设**
用最爱的小物
做装饰

卧室里可适度摆些自己喜欢的小物装饰，让整体空间更安定，但也别放太多喔！

开运 ⊕α LESSON

（ 提高自我能量的方法 ）

要想提高自己的精神，发挥前所未有的实力吗？
不妨试试借用风水的能量，给你意想不到的帮助。

提升元气的九星幸运食物

一白水星	鱼、肉菜品、生鱼片、腌渍物、脂肪类、牛奶、汤品、酱油、盐、酒类、饮料
二黑土星	猪肉、羊肉、豆类、糙米、白米、荞麦面、甜食、年糕
三碧木星	醋渍物、酸味、柚子、柑橘类、酸梅、寿司、海藻菜、蔬菜类、海带芽、橙子
四绿木星	面类、鳗鱼、熏制肉类、泥鳅、大蒜、韭菜、葱、酸味、三叶芹
五黄土星	甜食、酒糟、味噌、纳豆
六白金星	天妇罗、辣味、鱼贝类的干货、鲣鱼片、果实、花生
七赤金星	辣味、咖啡、红茶、汤类、牛奶、鸡肉、甜酒
八白土星	甜食、牛肉、去骨或皮的肉类、鲑鱼卵、鱼卵、鲱鱼卵
九紫火星	苦味食物、鳖、螃蟹、贝类、马肉、海苔类

掌握你的幸运时间

九星的幸运时间

★ 一白水星……晚上 11 点～凌晨 1 点
★ 二黑土星……下午 3 点～5 点
★ 三碧木星……下午 5 点～7 点
★ 四绿木星……早上 9 点～11 点
★ 五黄土星……全天
★ 六白金星……晚上 10 点～12 点
★ 七赤金星……下午 5 点～7 点
★ 八白土星……凌晨 1 点～3 点
★ 九紫火星……上午 11 点～下午 1 点

幸运时间是帮助你将自我实力发挥到最大程度的时间，请善用这段时间去念书或工作。假如你的幸运时间是在半夜，表示你将会夜夜好眠，醒来后精力充沛。

PART5

活用气场能量
召唤好运的生活

能量无穷的开运小物、方位及时间，
只要将其运用在室内装潢与收纳上，
就能让你的生活获得更多运势的帮助。

为你开启好运的
重点打扫秘诀！

Keep Clean!

厕所篇

只要打扫厕所，就能提升财运！用洁亮的厕所迎接好运。

1 用拧干的湿抹布擦拭被水痕及灰尘弄脏的厕所地板，每个角落都要仔细擦过。

2 清洁马桶时，请用专用的刷子刷洗，内侧水垢也要刷除。之后再以干净的抹布擦拭马桶座。

3 马桶水箱内侧也是不可忽略的清洁重点，因为水滴及累积的灰尘都让水箱变脏。

★ 加分小建议 ★

在小苏打里滴些精油，增添香味
小苏打是打扫厕所的得力帮手，若再滴入精油，就能改变厕所气氛，打扫时心情也会变得愉悦。

完成收纳整理后，接着就要保持空间洁净。随时整理厕所、浴室、玄关等空间，将帮助你拥有无法挡的好运气。

打扫步骤

1 用湿抹布擦拭地板

2 用刷子刷洗马桶

3 擦拭水箱

1

清除浴缸的污垢

请用清洁剂和海绵将浴缸内外刷洗干净，一起赶走讨厌的黏滑感、水垢以及霉菌。

Keep Clean!

浴室篇

洗去身体污垢的浴室，若能保持清洁，人也会跟着容光焕发。

2

洗去磁砖缝的污渍

磁砖间的碍眼霉斑和污渍，就用牙刷把它们击退吧！难清除的污痕先涂上清洁剂，静待片刻再去刷洗。

★ 加分小建议 ★

莲蓬头的清洁也很重要

因为水垢堵塞而导致出水不顺的莲蓬头，也会让你运势变差。请用牙刷仔细刷刷吧！

Keep Clean!

玄关篇

干净的玄关，会吸引好运不断上门来！

打扫步骤

1

擦拭地板

先将垃圾、灰尘扫干净，再用拧干的湿抹布擦拭。这时就可好好利用准备丢弃的抹布喔！

★ 加分小建议 ★

旧报纸让镜子亮晶晶

清洁镜子和窗户玻璃时，先用蘸水的报纸擦拭，再用干报纸擦第二次，这么一来镜子就会闪闪发亮。

2

定期擦拭鞋柜

玄关的灰尘是导致运气流失的原因，可以把放在鞋柜上的物品放至别处，再以湿抹布擦干净。

隐藏神秘能量的开运小物，帮助你掌握更多好运！

了解开运的能量，让你人生更顺利！

在我们生活中，很多物品都拥有极佳的开运能量。

不妨试着了解它们的作用，

运用在每天的生活中吧！

宝石

戴上个人专属幸运石，让运势更旺！

自古以来，宝石就被认为拥有不可思议的力量，有如珍宝一般地受到重视。

在开运上，宝石更是重要的物品。它具有"反弹"能量，尤其表面凹凸不平的石头，更具有神秘的破坏力。

因此，在使用宝石或石头时要特别小心。有时你只是随意地摆个石头却会对他人带来极大的影响，特别是尖锐的石头，更不适合放在家中装饰。

依照九星，每个人都有其专属的幸运石（请参照下表）。戴上你的幸运石不仅可以让负面能量远离，更能提升个人的运势，建议可以多多配戴专属幸运石的戒指或项链。

九星的幸运石

找出你的专属幸运石，让它为你带来每一天的好运！

九星	幸运石
一白水星	缟玛瑙、钻石、祖母绿、水晶
二黑土星	黄玉、石榴石、珍珠、钻石、翡翠
三碧木星	青金石、紫水晶、钻石
四绿木星	青金石、紫水晶、土耳其石、钻石
五黄土星	琥珀、钻石、紫水晶
六白金星	钻石、黄玉、缟玛瑙
七赤金星	钻石、珍珠、黄玉
八白土星	黄玉、钻石、水晶
九紫火星	红宝石、祖母绿、钻石

龙

效果依放置地点而改变

　　龙是开运术中是最强的吉兽，它可为你招来贵人、带来财富以及去除邪气。拥有强大消灾解厄能力的龙，将其放置在不同的地方，分别可提升不同方面的运气。而放龙摆饰的地方切记一定要保持通风，并常以布擦拭，这样更可提高效果。

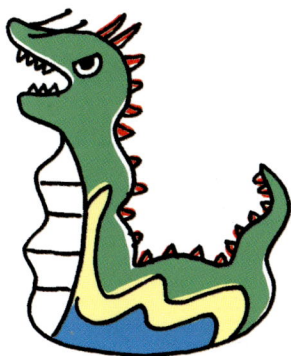

盐

拥有强烈的阳气
有助于空间的排毒

　　盐拥有很强的阳气，天然盐的效果更好，不但能散发阳气还可吸收阴气。在房间四周摆放盐堆，可以帮助住家"排毒"。家中若有空气不流通的房间，不妨放点盐帮助换气。

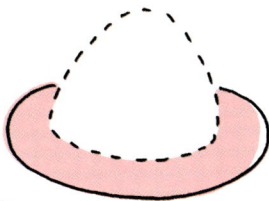

镜子

保护住家
不受恶气干扰

　　镜子具有强大的能量，尤其是八卦镜拥有极佳的效果。放在玄关装饰可让不好的气场弹出室外，故要常保洁亮。在北方放镜子可守住财产，放在南方则可提高魅力。

幸运石的特征

每种幸运石都拥有不同的力量。了解其特征，依情况的不同分别使用是最佳的方法！

琥珀	黄玉	翡翠
促进人际关系的和谐，提升事业运。对健康也有很大的帮助。	让他人认同你的能力，进而提升事业运。对失眠问题也很有效。	可支持精神上的成长，让内心获得平静。也有消灾除厄的作用。

紫水晶	缟玛瑙	水晶	土耳其石	青金石
提高你的直觉及洞察力，更可提升女性的魅力。	去除邪念，控制感情。可给予耐力及持久力。	可对应在各种情况的万用宝石，有治疗以及增强能量的效果。	引导你迈向成功的宝石，还可助你脱离险境。	拥有强大能量，引领你迈向成功。令内心不再动摇，消除不安及杂念。

祖母绿	石榴石	钻石	珍珠	红宝石
建立温和稳定的人际关系，也可提升恋爱运。	让你在面临重要场合时产生勇气及果断力，亦有净化血液的效果。	效果极强，遇到非做决定不可的重要情况时，带着它准没错。	可提升美容运。稳定烦躁的心情，对女性的身体不适也很有帮助。	同时提升体力与精力的宝石，可活化血管及循环系统的运作。

住家格局是烦恼的来源？

别担心，通通交给开运术解决！

一白水星及六白金星建议在客厅放置有热带鱼的水族箱

HELP 客厅

老是静不下心！
我该怎么布置可稳定心情的客厅！

解决！ 基本原则有5点：①选择面东或东南且日照良好的房间作为客厅。②使用绿色作为客厅的主色调。③摆放观叶植物。④窗户尽量大一点。⑤天花板避免有梁柱等突出物。放置负离子的空气清净机也是方法之一。一白水星和六白金星的人，建议摆设养殖热带鱼的水族箱。假如你家的客厅是在北方等方位不佳的位置，可选用水蓝色、奶油色或浅绿色等色，以及印有叶子、花朵或漩涡图案的窗帘来搭配空间。

HELP 卧室

想要生宝宝，肚子却苦无动静！
改变卧室陈设会有效果吗？

解决！ **天盖式的公主床**
让彼此的关系更亲密

假如你的卧室是在住家的西南方，最好是另外换个地方。因为西南方是主妇活动的位置，并不适合休息。请依据你的九星幸运方位（请参照P78）去移动卧室。帷幔加上蕾丝缀边的床罩或粉红花朵图案的窗帘都很不错。此外，缩小床位空间也很有效，天盖式的公主床是最佳选择。总之就是要创造出让两人关系更亲密的空间。

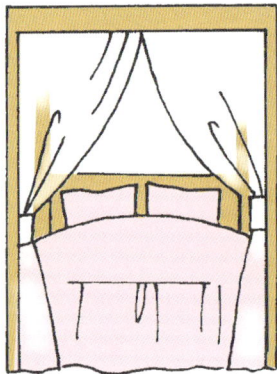

开放式厨房让你与家人保持良好互动

HELP 厨房

我的厨艺实在不怎么样……
这和厨房位置有关吗？

解决！

请先看看家中厨房的布置。试想当你在烹煮拿手菜时，厨房的动线应该如何设计会比较方便。从冰箱拿出食材清洗，切好后再加热。此外，在厨房做菜常会给人一种单调乏味的感觉，若是开放式厨房便可边做菜边和家人保持互动，考虑整修时不妨列为参考。

*** 76

HELP
浴室、厕所

工作总是不顺利！
我该怎么办才好？

解决！ 快动手打扫厕所和浴室，才能拥有好运气！

家中会使用到水的地方如厕所、浴室等，一定要彻底打扫，保持洁净！这些地方是帮助你实现愿望的最佳快捷方式。打扫这些地方，对事业运及财运都会带来极大的帮助。反之，要是把这里弄得脏兮兮，就会招来不好的气场，所以浴室、厕所等空间请务必勤加打扫。

打扫会用到水的地方时，特别是厕所……常会因为觉得麻烦而不想打扫。但只要维持这个空间的洁净，你会发现整个人的心情都会变舒畅唷！

HELP
玄关

糟糕！我家的玄关
在鬼门（不吉的方位）……

解决！ 在玄关摆上除秽的麒麟就万事ＯＫ啰！

位在鬼门（不吉方位）即东北方的玄关，会让各种不好的气场进入屋内，必须尽早处理。处理的方法有三种：①摆放植物；②放置会产生负离子的空气清净机；③使用白色为住家的基本色等。而在玄关装上窗帘或卷帘，也是阻断气场流动的方法之一。

此外，在玄关摆放麒麟也可提高守护力，因为麒麟自古以来就被认为具有驱邪的效果。把一对麒麟向着门口处放，它将让你家的玄关成为好气场进屋里、坏气场挡门外的理想玄关。

召唤幸运的植物及方位

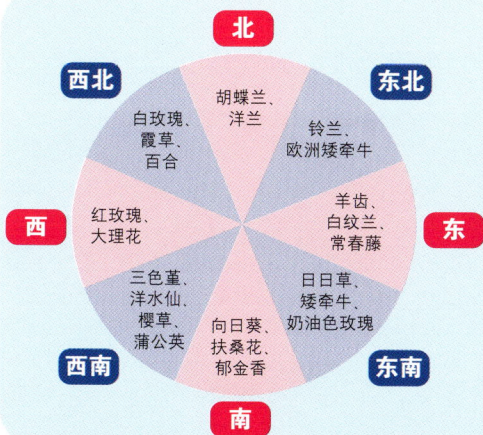

北
西北　　东北
胡蝶兰、洋兰
铃兰、欧洲矮牵牛
白玫瑰、霞草、百合
羊齿、白纹兰、常春藤
西　　东
红玫瑰、大理花
日日草、矮牵牛、奶油色玫瑰
三色堇、洋水仙、樱草、蒲公英
向日葵、扶桑花、郁金香
西南　　东南
南

根据植物种类，变换摆放位置！

就开运的观点而言，植物可以帮助调整气场，因此是室内装潢不可或缺的重要物品。但不同的方位适合摆的植物也不同，请小心留意。

创造九星住家的幸运重点集

每个九星都有其房间的理想方位，最适合用来当作室内装潢的幸运色也不同。
了解你的幸运重点，作为室内装潢时的参考吧！

九星的 房间理想方位 & NG 方位

九星	玄关的位置	卧室	放保险库的房间	工作的房间	不适合的厕所方位
一白水星(水星)	南·西北	北	东南	北·南	北·东
二黑土星(土星)	东·东南	西南	西南·北·东	南·西北·东南	西南·东北
三碧木星(木星)	西北	东	西南·北	南·西北·东南	东·东北
四绿木星(木星)	西北	东南	东·南	西南·东南	东南·东北
五黄土星(土星)	东南·东	中央	西南·东	北·西·西北	中央·东北
六白金星(金星)	南·东南·东	西北	东南	北·南	西北·东北
七赤金星(金星)	东·南	西	西南·北	南·西北·东南	西·东北
八白土星(土星)	东南·北·东	东北	西南·东	北·西·西北	东北
九紫火星(火星)	西北·西·北	南	东·南	西南·东南	南·东北

九星的 幸运色 & 幸运物

九星	家中的整体色	重点色	幸运物
一白水星(水星)	白色	深蓝、红色	放置水槽
二黑土星(土星)	奶油色、铭黄色	黑色、黄色	摆观叶植物
三碧木星(木星)	绿色系	红色	将影音物品放在东方
四绿木星(木星)	薄荷绿	水蓝色、黄色	多放一些观叶植物
五黄土星(土星)	黄色、奶油色	金色	在居家中心放金色摆饰
六白金星(金星)	水蓝色、白色	银色	种植水草
七赤金星(金星)	白色、奶油色	金色	从西方到西南方放黄色的物品
八白土星(土星)	奶油色	红色、金色	多从事园艺
九紫火星(火星)	奶油色、驼色	紫色、红色	种仙人掌、不要放水槽

结束语

　　各位在阅读完本书后的感想如何？相信您应该了解到开运与收纳之间的密切关联了吧。

　　每当我着手开始工作的时候，就会先整理身边的一切。比如把文件资料分类，依照不同的种类逐一整理，很快就过了一小时，虽然非常耗费体力，甚是有点麻烦。但是，看到桌子周边变干净，思绪不仅会跟着变清晰，心情也会舒畅起来。通过事前的整理可以有效提升工作效率。果然，人在凌乱的环境中真的无法好好工作。

　　快打消"总有一天要住在漂亮的家"的念头吧！从现在起，好好保持你周遭一切的整洁才是。时时提醒自己，平常就要保持住家的干净，如此一来才能在幸福的环境下生活。

　　"居住环境是人一切的起点。"衷心期望本书能为各位带来帮助，让你住得舒适又惬意。

直居由美里

SHIAWASE WO YOBIKOMU FUSUI DE SHYUNO TO SEIRI
© Yumily Naoi / STUDIO DUNK 2007
First published in Japan in 2007 by Futabasha Publishers Co., Ltd., Tokyo.
Chinese translation rights arranged with Futabasha Publishers Co., Ltd.
Through Beijing kareka consultation center.
Chinese translation rights © 2008 by SHIWENBOOKS (CHINA) CO., LIMITED.
All rights reserved.

□中国大陆中文简体字版出版 © 2008 重庆出版社
□中文简体字版版权为世文出版(中国)有限公司所有

版贸核渝字(2008)第 93 号

图书在版编目(CIP)数据

收纳与整理开运术 /(日)直居由美里编著；连雪雅译.
重庆：重庆出版社，2008.11
　书名原文：幸せを呼びこむ風水で収納と整理
　ISBN 978-7-229-00271-8

　Ⅰ.收…　Ⅱ.①直…②连…　Ⅲ.①住宅—室内装饰
②住宅—室内布置　Ⅳ.TU238

中国版本图书馆 CIP 数据核字(2008)第 176875 号

URL　http://www.tenjijo.misawa.co.jp/

收纳与整理开运术

(日)直居由美里／编著

连雪雅／译

出　版　人：罗小卫
策　　　划：百世文库
责任编辑：徐彦然　刘　翼
特约编辑：李明辉
封面设计：阿　元

重庆出版集团
重庆出版社　出版

(重庆长江二路 205 号)

北京朗翔印刷有限公司　　　印刷
重庆出版集团图书发行公司　发行
邮购电话：010-84831086　84833410
E-MAIL：shiwenbooks@263.net
全国新华书店经销

开本：889mm × 1194mm　1/16　印张：5　字数：36 千
2009 年 1 月第 1 版　　2009 年 1 月第 1 次印刷
定价：28.80 元

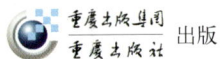